谨以此书献给英勇的消防员!

"蓝朋友"心理健康系列

消防员心理那些事儿

应急管理部上海消防研究所
芜湖市消防救援支队 编

应急管理出版社
·北京·

消防员心理那些事儿（"蓝朋友"心理健康系列）

编　　　者	应急管理部上海消防研究所　芜湖市消防救援支队
责任编辑	唐小磊　郑素梅
责任校对	张艳蕾
绘　　图	播文创意
封面设计	播文创意

出版发行	应急管理出版社（北京市朝阳区芍药居35号　100029）
电　　话	010-84657898（总编室）　010-84657880（读者服务部）
网　　址	www.cciph.com.cn
印　　刷	北京盛通印刷股份有限公司
经　　销	全国新华书店

开　　本	$787\mathrm{mm} \times 1092\mathrm{mm}^{1}/_{40}$　印张　$4^{1}/_{2}$　字数　43千字
版　　次	2023年3月第1版　2025年8月第3次印刷
标准书号	ISBN 978-7-5020-8609-1/E0-051
社内编号	20221795　　　　　　　定价　29.00元

版权所有　违者必究

本书如有缺页、倒页、脱页等质量问题，本社负责调换，电话:010-84657880

《消防员心理那些事儿》编写人员

主 编 刘 喜
副主编 张 杰 江新兵 张静洁
编 者 (按姓氏笔画排序)
　　　　王淑贤 王婧一 朱 华 仲 夏
　　　　庄 宏 刘方芳 刘民楼 刘志伟
　　　　杜进芳 李 菲 周子佳 洪诗艺
　　　　贾鹰珏 雷 榕

编者按

现有消防员心理健康方面的书籍以教学类和研究类为主,内容专业性强,如果作为心理健康科普类的书籍供消防员阅读,可读性、趣味性、通俗性方面存在一定的差距。本书以漫画的形式来普及心理健康知识,通俗易懂、直观清晰、生动有趣,图示说明以帮助消防员读者更理解心理现象,增加消防员阅读兴趣,让消防员以一种轻松有趣的方式来了解心理知识。

本书在编写过程中,得到了上海市消防救援总队、中国消防救援学院、黄浦区消防救援支队、松江区消防救援支队、江苏省消防职业健康中心、山东省消防救援总队训练与战勤保障支队等消防救援队伍心理工作示范点的大力支持,在此一并表示衷心的感谢!

编者按

  由于时间仓促,书中难免有不足之处,欢迎广大读者批评指正。

编　者

2023年3月

目次

1. 人物角色 — 1
2. 走进"心理健康" — 9
3. 和平时代"最可爱的人" — 41
4. 七夕要有仪式感啊 — 77
5. 出警归来 — 105
6. 应对焦虑 — 133
   后记 — 161

1 人物角色

出场人物

指导员

▶▶ 消防站指导员，二级指挥员

- 32岁，参加消防救援队伍十年
- 灭火救援经验丰富
- 在工作中对队友严厉、严格
- 在生活中对队友和蔼、善于倾听
- 已婚六年，对待老婆温柔体贴
- 有一个可爱的儿子

出场人物

老张

▶▶ 消防站班长，二级消防士

- 30岁，参加消防救援队伍十二年
- 参与过多起大型灭火救援和化工爆炸事故
- 曾获个人"三等功"
- 身材魁梧，体能测试常年排名第一
- 已婚五年，不善于哄老婆
- 有一个漂亮的女儿

出场人物

大高

▶▶ 消防站三级消防士

- 26岁，参加消防救援队伍八年
- 参与过上百次灭火救援事故处置
- 平时为人和善、幽默风趣
- 喜欢交朋友
- 与女朋友相恋三年

出场人物

虎子

▶▶ 消防站四级消防士

- 23岁，参加消防救援队伍五年
- 参加过七十余次灭火救援事故处置
- 性格内向，善于倾听与合作
- 为人不苟言笑
- 与女朋友相恋一年

出场人物

小刘

▶▶ 消防站预备消防士

- 20岁，刚参加消防救援队伍两年
- 参加过几次火灾扑救事故处置
- 内心细腻敏感
- 偶尔会想家
- 单身

出场人物

心心老师

▶▶ 心理咨询师

- 30岁，在工作中温柔有耐心
- 具有丰富的心理咨询经验
- 经常为消防员提供心理疏导服务
- 乐于帮助消防员实现个人心理成长

线段A与线段B

心理小锦囊

可爱的消防员们：

　　心理学是门有趣的学科。大家不要每次都避而不谈"心理"。心理学不仅能够帮助消防员们减轻焦虑等烦恼，还可以帮助调节人际关系，实现人与人之间的和谐相处。

　　心理健康是指心理的各个方面及活动过程处于一种良好或正常的状态。

　　心理健康的理想状态是保持情绪稳定、智力正常、认知正确、情感适当、意志合理、态度积极、行为恰当、适应良好的状态。

心理小锦囊

那么如何判断心理健康呢?

心理健康的标志是:

(1) 身体、智力、情绪协调。

(2) 适应环境,人际关系中彼此能谦让。

(3) 有幸福感。

(4) 职业工作中,能充分发挥自己的能力,过着有效率的生活。

总而言之,大家要保持积极乐观的心态,遇到心理困惑及时沟通。

心理小锦囊

心理健康十项标准:

(1) 心理活动强度:对于精神刺激的抵抗能力。

(2) 心理活动耐受力:长期经受精神刺激的能力。

(3) 周期节律性:心理活动的固有节律,效率。

(4) 意识水平:注意力品质的好坏。

(5) 暗示性:是否易受暗示,意志力强弱,情绪思维是否稳定。

(6) 康复能力:对于精神创伤后的康复力。

(7) 心理自控力:情绪的强度、表达、思维方向和过程。

 # 心理小锦囊

(8) 自信心：对自己应付能力的评估，是否恰如其分。

(9) 社交：是否具有良好的社会交往能力。

(10) 环境适应能力：是否能很快采用各种方法去适应环境，并保持心理平衡。

心理小锦囊

针对消防员长期值守无法回家,感觉不适应,我们可以开展自我调节,从以下几个方面着手:

(1)融入同伴群体,能够很好地缓解思乡之情。人的本质是一切社会关系的总和。因此,要保证心理健康,就必须使自己融入身边环境中。融入同伴群体能够很好地缓解思乡之情。一方面,人际交往能够转移自己的注意力,减少对离家的关注。另一方面,同伴中也有很多人饱受思乡之苦,大家都受到相同问题的困扰,彼此之间更容易产生共情,相互安慰。

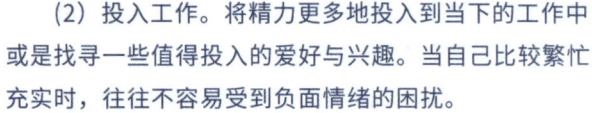

（2）投入工作。将精力更多地投入到当下的工作中，或是找寻一些值得投入的爱好与兴趣。当自己比较繁忙充实时，往往不容易受到负面情绪的困扰。

（3）提升对工作的认同感。消防是值得奋斗与奉献的行业。要相信自己选择的是一项无比重要与光荣的事业，现阶段的一切付出和牺牲都能在一定程度上以其他形式得到回报。

心理小锦囊

　　一段健康的亲密关系应由激情、亲密和承诺组成。激情是爱情中的性欲成分,是情绪上的着迷;亲密是指在爱情关系中能够引起的温暖体验;承诺指维持关系的决定、期许或担保。

　　亲密关系的核心是两个人在尊重的基础上互相磨合。这个过程需要人有意识地锻炼自己的共情能力、沟通能力以及情绪管理能力。亲密的行为要与爱意的表达相结合,夫妻之间要相互沟通,提醒自己不因对方关系亲密而说话随意,礼貌与尊重仍然很重要,同时注重表达爱意和感谢。

心理小锦囊

　　对于伴侣亲密关系，双方在经常沟通、注重表达爱意和感谢的同时要建立适度的"仪式感"。在节假日通过赠送礼物或一起参与某项约会活动，避免将关注的重心全部投在下一代，而忽略伴侣的情感需求。

　　根据消防救援人员的职业特点，夫妻往往聚少离多，可以通过通信工具保持密切的联系与交流，及时分享生活中的事宜，在"异地关系"中保持生活频率的一致性。另外可多创造见面直接相处的机会，譬如消防员难以回家时，可以多选择家属探亲的方式。

5 出警归来

心理小锦囊

调节抑郁情绪的方法：

（1）可以通过丰富的活动转移自己的注意力，避免沉湎于忧郁情绪之中，如进行适量的运动；运动后身体的劳累能让你更快地入眠；在训练之余享受音乐或是你喜欢的兴趣爱好。

（2）和他人倾诉交流自己的烦恼。与朋友家人进行沟通，这能够得到充分的社会支持。

（3）如果不愿与他人交谈，也可以用自己感到安全的方式表达内心的感受，可以是写日记，也可以是匿名留言。把想法写下来也是一种疏解的方式。

心理小锦囊

提高睡眠质量的方法:

(1) 在睡觉时尽量为自己营造一个黑暗无光的环境。关窗帘或者戴眼罩都能很好地隔绝光线。这样能帮助我们建立与自然生物钟更一致的睡眠习惯。

(2) 在睡前可以进行一些平静平缓的活动,例如冲热水澡、泡脚、看书、做一些需要精神专注的事情。

(3) 尽量保持在较为规律的时间段入睡。躺上床后如果感到焦虑、难以平静,可运用呼吸疗法使自身机体得到放松,将注意力专注于躯体本身,通过深呼吸使自身得到平静,从而缓缓进入睡眠。

6 应对焦虑

心理小锦囊

如何给自己减减压?

要正确认识压力产生的焦虑情绪是人的一种正常反应。适当的压力可以创造成绩。焦虑可以提醒个体正处于危险之中,需要紧张起来以应对危机。但过度的、不分场合的焦虑情绪会对人产生负面影响。当我们处于高压状态时,可以给自己减减压。

(1)"按停"身体预警信号。当我们情绪起伏不定时,身体会出现变化及反应,如心跳加速、呼吸不顺畅、肌肉紧绷等。我们可以尝试运用下列方法去安抚自己的生理反应:有规则地深呼吸、想象轻松的场景、

心理小锦囊

平缓地喝水、闭目养神、听轻柔的音乐等。

（2）脑袋停一停。当身体预警信号响起时，代表我们可能正因为脑海中出现不合理思维而处于情绪起伏的状态。此时，必须提醒自己要立即停止所有的不合理思维。

（3）分散注意力。进行一些正面行动将注意力分散。这些行动可以是一些很简单或很小的行为，但能够带给我们开心或舒一口气的感觉。常见的一些行为有：外出散步、洗澡、吃冰淇淋、看书、听音乐、看电视、打电话等。

心理小锦囊

（4）制作鼓励卡。日常生活中，我们可以找一些漂亮的卡片，写下你从任何地方得到的一些对自己有帮助的正面句子作为自己的人生金句。当我们受到情绪困扰时，可以去看这些鼓励卡来为自己加油打气。

后记

亲爱的消防员们,"蓝朋友"心理健康系列第一本漫画书就在这里结束了,但这并不是终点,而是系列丛书的起点。希望通过本书轻松、快乐的方式带给大家一些心理学知识,让大家在看漫画的过程中了解心理学,掌握解决日常心理小困惑的方法。希望各位"蓝朋友"们看完能有所启发。之后应急管理部上海消防研究所也会一直陪伴大家,让大家远离心理障碍,积极乐观地工作生活!

在此,感谢参加本书编写的各位专家。如有不足,欢迎大家批评指正。

分享你的心理小故事邮箱:xiaofangyuanxinli@163.com

所思所想

所思所想

所思所想

所思所想

所思所想

所思所想

所思所想

所思所想